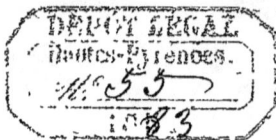

ANALYSE

DES

NOUVELLES SOURCES

MINÉRALES

DE

BAGNÈRES-DE-BIGORRE

PAR

M. E. FILHOL

Directeur de l'Ecole de médecine, professeur de chimie à la Faculté des sciences

ET

M. J.-B. SENDERENS

Professeur de chimie aux Facultés libres de Toulouse.

BAGNÈRES-DE-BIGORRE

IMPRIMERIE ET LIBRAIRIE LÉON PÉRÉ

PLACE DE STRASBOURG

——

1883

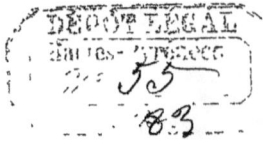

ANALYSE

DES

NOUVELLES SOURCES

MINÉRALES

DE

BAGNÈRES-DE-BIGORRE

PAR

M. E. FILHOL

*Directeur de l'Ecole de médecine, professeur de chimie à la Faculté
des sciences*

ET

M. J.-B. SENDERENS

Professeur de chimie aux Facultés libres de Toulouse.

BAGNÈRES-DE-BIGORRE

IMPRIMERIE ET LIBRAIRIE LÉON PÉRÉ

PLACE DE STRASBOURG

—

1883

ANALYSE

DES

NOUVELLES SOURCES MINÉRALES

DE

Bagnères-de-Bigorre

La compagnie concessionnaire des Thermes de Bagnères-de-Bigorre, à la suite de travaux habilement dirigés, se trouve en possession de deux sources nouvelles, qui sourdent à une certaine profondeur au-dessous du sol, en face du pavillon méridional du grand Etablissement, sur la place des Thermes où une petite installation provisoire a été rapidement édifiée.

L'une des sources fournit un débit de 950,000 litres par vingt-quatre heures.

L'autre, moins abondante, dégage une odeur sulfureuse très prononcée, et une buvette établie sur la source elle-même, attire journellement bon nombre de personnes.

La Compagnie concessionnaire, désirant offrir au public des renseignements précis sur la nature des deux sources, nous en avait confié l'analyse. Le travail com-

mencé en commun était activement poursuivi, lorsque
la mort imprévue du professeur Filhol, l'éminent
analyste des eaux des Pyrénées, me laissa le soin de
continuer seul la tâche. Néanmoins, en raison de la
part que le savant regretté avait prise à l'analyse et
surtout du plan général qu'il avait tracé et qui a été
fidèlement exécuté, je ne devais pas hésiter à associer
son nom aux résultats que je publie, et ce sera malheu-
reusement la dernière production d'une collaboration
qui avait déjà trois années d'existence. (1)

Pour distinguer les deux sources, je désignerai la plus
abondante sous le nom de source de *la Tour*; et l'autre
s'appellera source *sulfureuse*, sauf à indiquer plus loin
les réserves que comporte cette dénomination.

Propriétés physiques et organoleptiques.

L'eau de l'une et l'autre source est limpide et incolore.
L'eau de *la Tour* est inodore; elle a une saveur légèrement styptique lorsqu'on la prend à la source.

Dans les mêmes conditions, l'eau sulfureuse possède
une saveur franchement hépatique et laisse dans la
bouche un goût atramentaire aussi prononcé que les
sources les plus ferrugineuses de l'Etablissement avec
lesquelles je l'ai comparée.

Pendant le trajet, le fer que contiennent les deux
sources se dépose après un temps plus ou moins long
et leur goût est fade, sans aucune stypticité. Le fer se
dépose également dans les tuyaux de conduite qu'elles
parcourent, et à ne considérer que l'épaisseur de la
couche, on serait tenté d'attribuer à la source de *la Tour*
une plus forte proportion de fer qu'à sa voisine. Or c'est

(1) Comptes-rendus de l'Académie des sciences des années 1881-82-83.

précisément le contraire qui a lieu : Le fait s'explique quand on songe à la masse d'eau bien plus considérable qui passe dans les tuyaux de cette source.

Propriétés chimiques.

L'eau des deux sources ramène au bleu la teinture de tournesol rougie par un acide, même lorsque par une longue ébullition on l'a privée des carbonates de chaux ou de magnésie qu'elle tient en dissolution.

Elles donnent lieu aux réactions suivantes :

Acide sulfhydrique....	Pas d'action appréciable.
Sulfure d'ammonium...	*Idem.*
Ammoniaque...	Précipité floconneux insoluble dans la potasse caustique.
Potasse..............	Précipité blanc.
Carbonate de sodium..	*Idem.*
Eau de chaux.... ...	Léger précipité blanc.
Azotate d'argent......-..	Précipité blanc insoluble dans l'acide azotique.
Chlorure de baryum...	Abondant précipité blanc insoluble dans l'acide chlochydrique.
Oxalate d'ammonium...	Abondant précipité blanc.
Solution alcoolique de savon........ ...	Grumeaux très nombreux.

D'après ces premiers essais, on voit que les deux sources renferment en abondance des sulfates et des chlorures, de la chaux et de la magnésie.

Ils y indiquent en outre la présence de sels à réaction alcaline en même temps que de l'acide carbonique.

Indépendamment des propriétés communes, révélées par ces réactions, les deux eaux jouissent de propriétés particulières qui les distinguent et dont l'existence se démontre de la manière suivante :

	Eau Sulfureuse.	Eau de la Tour.
Nitro-prussiate de potassium	Pas d'action.	Idem.
Acide arsénieux dissous dans l'eau..........	Pas d'action appréciable.	Idem.
Acide arsénieux dissous dans l'acide chlochydrique	Coloration jaune très foncée.	Pas d'action sensible.
Solution d'iode versée dans 1 litre d'eau contenant de la colle d'amidon	La coloration bleue n'apparaît que lorsqu'on a versé une certaine quantité d'iode.	La coloration bleue apparaît aux premières gouttes.
Tannin......	Coloration violette prononcée avec l'eau de la source prise au griffon.	Faible coloration violette.

Il résulte de ces essais exécutés sur les lieux mêmes, qu'aucune des deux sources ne renfermerait des traces de sulfure. Par ailleurs, l'eau *Sulfureuse* contiendrait des quantités notables d'acide sulfhydrique tandis que l'eau de *la Tour* n'en accuserait que des traces.

Le fer est aussi indiqué en plus grande proportion dans l'eau *Sulfureuse* que dans l'eau de *la Tour*.

Du principe sulfureux des nouvelles sources.

En tenant compte des quantités d'iode qu'absorbe un litre d'eau distillée prise aux températures des deux sources, avant que la coloration bleue apparaisse nettement, j'ai constaté qu'un litre de l'eau sulfureuse absorbe, lorsqu'on expérimente sur les lieux mêmes, 12 centimètres cubes de la liqueur normale d'iode réduite au dixième, c'est-à-dire 0^{gr}01524 d'iode correspondant à 0^{gr}00192 de soufre.

Un litre d'eau de *la Tour* n'absorbe que quelques divisions d'iode. Elle contiendrait par conséquent à peine des traces de soufre.

La coloration violette que donne le nitro-prussiate en présence de traces de monosulfures, faisant ici complètement défaut, il faut envisager ce soufre à l'état d'acide sulfhydrique et dès lors nous nous trouvons en présence de ce que l'on appelle une eau sulfureuse accidentelle. On connaît l'explication que M. Chevreul a donnée de l'origine de ces sources. Une eau tenant du sulfate de calcium en dissolution rencontre dans son parcours des matières organiques, un banc de tourbe par exemple ; à leur contact le sulfate est transformé en sulfure et c'est ainsi que l'eau devient accidentellement sulfureuse par la présence fortuite de matières organiques. Le sulfure de calcium à son tour est facilement décomposé par l'acide carbonique au contact de l'eau, et l'intervention de cet acide explique le dégagement d'hydrogène sulfuré qui résulte de son action. — Le sulfure de sodium qui minéralise les eaux sulfureuses naturelles, serait probablement lui-même le produit de la décomposition du sulfate de sodium par la matière organique, de telle sorte qu'à ne considérer que l'élément sulfureux, la distinction entre eaux sulfureuses naturelles et accidentelles ne semblerait pas bien établie. Toutefois les premières ont une composition spéciale et renferment très peu de matériaux solides. Les eaux sulfureuses accidentelles sont plus riches en résidu fixe et, d'après les observations de M. Bouis, elles contiendraient généralement de l'ammoniaque. Ce dernier

caractère ne manque pas à la source de Bagnères dont il
est ici question. Un dosage fait avec beaucoup de soin
lui assigne 0ᵍʳ00024 d'ammoniaque par litre.

On voit, d'après les explications qui viennent d'être
données, le véritable sens de la distinction entre les
eaux sulfureuses accidentelles et naturelles, distinction
qui repose non pas précisément sur le principe sulfureux, mais sur les divers éléments minéralisateurs qui
constituent, par eux-mêmes, une différence bien
tranchée.

A ce point de vue, la source de Bagnères est bien une
eau sulfureuse accidentelle.

Je saisis cette occasion pour rappeler qu'il n'est pas
inutile de prévenir les personnes qui se baignent dans
la piscine alimentée par l'eau de *la Tour* de se tenir en
garde contre les quantités infinitésimales d'hydrogène
sulfuré qu'elle renferme. Les objets d'or et d'argent ne
manqueraient pas de noircir au contact de cette eau.

Alcalinité des deux sources.

Elle n'est pas tout à fait la même pour les deux
sources. Un litre de l'eau sulfureuse sature 0ᵍʳ10338
d'anhydride sulfurique, tandis qu'un litre de l'eau de
la Tour n'en exige que 0ᵍʳ09216. Ces chiffres se
trouvent confirmés par les quantités correspondantes
de carbonates et silicates alcalino-terreux qui représen-
tent cette alcalinité.

Température.

Cette température a été prise le 10 et 11 août au
moyen d'un thermomètre étalon soigneusement vérifié.

Elle correspond à 45°5 pour la source de *la Tour* et à 46°7 pour l'eau sulfureuse. Cette température s'est maintenue constante l'un et l'autre jour pendant les quatre heures qu'a duré l'expérience. Elle s'écarte un peu de certains chiffres déjà mis en avant. Moi-même, lorsque je vins, au mois de mars, faire les premières expériences, j'avais retenu les chiffres de 43° pour la première et de 45° pour la seconde. Il est vrai que je n'étais pas sûr du thermomètre qui me fut prêté sur les lieux mêmes. Toutefois, comme le degré sulfhydrométrique fut trouvé aussi un peu plus faible, je ne serais pas éloigné de croire à quelques petites irrégularités dans le captage, par suite desquelles les sources ne se trouveraient pas parfaitement isolées et qui suffiraient à expliquer ces légères variations.

Analyse quantitative.

J'exposerai aussi brièvement que possible le mode opératoire suivi pour l'analyse des deux sources. Les nombres que je donne expriment la moyenne de deux ou trois essais sensiblement concordants.

2 litres d'eau minérale, évaporée dans une capsule de platine à une douce chaleur, ont fourni un résidu solide qui a été desséché à l'étuve à 200° : **Matière fixe.**

Poids du résidu pour 2 litres.	Eau Sulfureuse...........	4gr957
	Eau de la Tour........	4gr664
Ce qui donne pour le résidu	Eau Sulfureuse........	2gr4785
total sur 1 litre............	Eau de la Tour........	2gr3320

2 litres d'eau, mêlés sur les lieux mêmes des sources avec un excès de chlorure de baryum ammoniacal ont été soumis au laboratoire au traitement usité pour recueillir **Acide carbonique.**

et doser le précipité de carbonate de baryum. On a trouvé, de la sorte :

Acide carbonique pour 2 litres.	Eau Sulfureuse........	$0^{gr}2006$
	Eau de la Tour........	$0^{gr}1780$
D'où, CO^2 pour 1 litre..	Eau Sulfureuse........	$0^{gr}1003$
	Eau de la Tour.... ...	$0^{gr}0890$

Carbonates de fer, de calcium et de magnésium.

Ces corps ont été précipités en faisant bouillir 2 litres de l'eau à analyser pendant 3 heures en ayant soin d'ajouter de l'eau distillée à mesure que l'eau minérale s'évaporait, afin d'empêcher la précipitation du sulfate de calcium. Le précipité repris par de l'eau acidulée a servi à doser la chaux et la magnésie des carbonates :

Chaux des carbonates pour 1 li-	Eau Sulfureuse.......	$0^{gr}04916$
tre....................	Eau de la Tour.	$0^{gr}04483$
Magnésie des carbonates pour	Eau Sulfureuse.......	$0^{gr}00090$
1 litre..................	Eau de la Tour.	$0^{gr}00080$

Dosage de la chaux.

Après avoir séparé de la sorte les carbonates dissous à la faveur d'un excès d'acide carbonique, j'ai ajouté au liquide filtré du chlorhydrate d'ammoniaque et j'ai précipité la chaux par l'oxalate d'ammoniaque :

Chaux de l'eau Sulfureuse pour 1 litre................	$0^{gr}73266$
— de l'eau de la Tour. —	$0^{gr}70801$

A laquelle il convient d'ajouter la chaux précipitée par l'ébullition et l'on aura alors :·

Chaux totale pour 1 litre	Eau Sulfureuse.......	$0^{gr}78182$
	Eau de la Tour.......	$0^{gr}75284$

Dosage de la magnésie.

Cette base a été recherchée dans le liquide d'où avait été précipitée la chaux. Le liquide réduit à un petit volume a été additionné d'ammoniaque, puis de phosphate de sodium et la magnésie a été évaluée d'après le phosphate ammoniaco-magnésien formé :

| Magnésie pour 1 litre .... | Eau Sulfureuse....... | 0ᵍʳ12658 |
| | Eau de la Tour.... .. | 0ᵍʳ11355 |

A laquelle il faut ajouter la magnésie précipitée à l'état de carbonate et l'on a définitivement :

| Magnésie totale pour 1 litre ... | Eau Sulfureuse....... | 0ᵍʳ12748 |
| | Eau de la Tour..... . | 0ᵍʳ11435 |

Le chlore a été précipité dans deux litres d'eau minérale acidifiée par l'acide nitrique, au moyen du nitrate d'argent. Le chlore déduit du poids de ce précipité était pour 1 litre : **Chlore.**

| Chlore de l'Eau Sulfureuse....... .... | 0ᵍʳ10465 |
| — de l'Eau de la Tour...................... ... | 0ᵍʳ09828 |

Cet acide a été dosé dans deux litres d'eau minérale à l'état de sulfate de baryum par le procédé ordinaire : **Acide sulfurique.**

| Acide sulfurique pour 1 litre.. | Eau Sulfureuse....... | 1ᵍʳ27945 |
| | Eau de la Tour....... | 1ᵍʳ21280 |

J'ai évaporé à siccité deux litres d'eau minérale acidulée par l'acide chlorhydrique. J'ai calciné légèrement le résidu en ayant soin de remuer fréquemment jusqu'à ce que tous les grumeaux fussent bien divisés, desséchés à fond et qu'il ne se dégageât plus de vapeur acide. Après refroidissement, j'ai humecté le résidu avec de l'acide chlorhydrique, ajouté au bout de quelque temps un peu d'eau, chauffé le mélange et après l'avoir laissé reposer, j'ai décanté à travers un filtre. J'ai recommencé cette opération plusieurs fois jusqu'à ce qu'enfin j'ai jeté le précipité sur le filtre que j'ai lavé avec beaucoup de soin. J'insiste sur ces précautions qui me paraissent **Silice.**

nécessaires si l'on veut se mettre en garde contre le sulfate de calcium dont la présence expliquerait des divergences très marquées que l'on observe dans le dosage de la silice pour une même source. Après la pesée, comme contre-épreuve, la silice a été chauffée avec de l'acide fluorhydrique et sulfurique purs :

Silice pour 1 litre.............. $\begin{cases} \text{Eau Sulfureuse.......} & 0^{gr}04549 \\ \text{Eau de la Tour.......} & 0^{gr}03446 \end{cases}$

Potasse et soude. 5 litres d'eau minérale acidulée par l'acide chlorhydrique et séparée par filtration du sulfate de baryum ont été évaporés à siccité au bain marie. Le résidu a été repris par l'eau et l'on a fait bouillir la dissolution avec un léger excès de lait de chaux pure. Le liquide filtré a été précipité avec du carbonate d'ammoniaque et enfin on a ajouté encore un peu d'oxalate d'ammonium. Après avoir laissé déposer le précipité, on a filtré, évaporé à siccité et chassé les sels ammoniacaux en chauffant au rouge dans une capsule de platine. La masse a été mouillée avec une solution concentrée de carbonate d'ammoniaque, évaporée de nouveau à siccité et portée au rouge, en jetant pendant cette calcination du carbonate d'ammonium dans la capsule dont on enlève le couvercle. Cette opération a été répétée à plusieurs reprises, jusqu'à ce que le poids est resté constant. On a alors un mélange de magnésie et de chlorures alcalins et l'on peut extraire ces derniers par des lavages avec l'eau et filtrations. Le liquide filtré a été évaporé et après avoir chassé les sels ammoniacaux en chauffant légèrement au rouge, on a pesé enfin les chlorures alcalins contenus dans la capsule de platine :

Chlorures alcalins pour 1 litre. $\begin{cases} \text{Eau Sulfureuse........} & 0^{gr}1930 \\ \text{Eau de la Tour........} & 0^{gr}1725 \end{cases}$

Il a été facile ensuite de reconnaître dans les quantités

trouvées ci-dessus un mélange de chlorure de sodium et de chlorure de potassium au moyen du bichlorure de platine, et l'on a dosé le chlorure de potassium en suivant les précautions indiquées pour ce genre d'opérations. On a ainsi trouvé pour 1 litre :

Chlorure de potassium. .. .. $\left\{\begin{array}{l}\text{Eau Sulfureuse. .....} \quad 0^{gr}01158 \\ \text{Eau de la Tour. ......} \quad 0^{gr}01135\end{array}\right.$

D'où potasse... .... $\left\{\begin{array}{l}\text{Eau Sulfureuse. ......} \quad 0^{gr}00731 \\ \text{Eau de la Tour... ...} \quad 0^{gr}00715\end{array}\right.$

En retranchant de la somme des chlorures, le chlorure de potassium, on aura le chlorure de sodium correspondant à la soude des deux sources :

Chlorure de sodium...... ... $\left\{\begin{array}{l}\text{Eau Sulfureuse..... .} \quad 0^{gr}18142 \\ \text{Eau de la Tour. ......} \quad 0^{gr}16115\end{array}\right.$

D'où l'on déduit les proportions de soude :

Soude de l'Eau Sulfureuse . ...,. .... .. $\quad 0^{gr}09614$

— de l'Eau de la Tour .... $\quad 0^{gr}08541$

Du phosphate de sodium et de la soude caustique mêlés avec la solution des deux chlorures obtenus dans une opération pareille à celle qui vient d'être décrite, ont produit un léger précipité de phosphate sodicolithique. Pour m'assurer de la nature de ce précipité, d'ailleurs impondérable, je l'ai converti en chlorure de lithium et je l'ai soumis à l'analyse spectrale ; j'ai vu immédiatement la belle raie rouge du lithium, parfaitement définie par la longueur d'onde qui lui correspond. Il suffit du reste d'évaporer une certaine quantité de l'eau minérale, de séparer par le filtre le précipité de carbonates terreux produit par l'ébullition pour qu'un fil de platine, plongé dans l'eau mère et porté dans la flamme d'un bec de Bunsen, produise au spectroscope la

Lithine.

raie caractéristique du lithium. Les ux sources renferment par conséquent des traces de lithine.

Recherche de l'iode et du fluor. Des recherches faites très attentivement et portant sur 10 litres d'eau minérale, n'ont pu me faire découvrir la plus légère trace d'iode.

Les résultats obtenus dans la recherche du fluor me paraissent tellement douteux que je n'oserais affirmer son existence dans les deux sources.

Recherche du cuivre, de la baryte et de la strontiane. Je ne suis pas non plus arrivé à découvrir, sur d'assez grandes quantités d'eau, des traces d'oxyde de cuivre, de baryte et de strontiane. Ces diverses recherches auraient dû porter sur les dépôts qui se forment dans les tuyaux de conduite. Des difficultés matérielles ayant empêché de retirer un peu de ce dépôt, je n'ai pas donné à ce contre-temps plus d'importance qu'il ne mérite.

Dosage de l'oxyde de fer. Afin d'éviter tout dépôt de fer, et par conséquent les pertes de cet élément qui peuvent se produire lorsque l'eau minérale séjourne dans les bonbonnes, j'ai évaporé sur les lieux mêmes et réduit au vingtième dix litres d'eau minérale acidulés par l'acide chlorhydrique. L'expérience a été terminée au laboratoire. La silice rendue insoluble a été séparée par filtration du liquide que j'ai traité par l'ammoniaque. Le précipité formé presque exclusivement d'hydrate de sesquioxyde de fer a été redissous dans l'acide chlorhydrique. Avec une solution étendue de carbonate d'ammonium, j'ai neutralisé presque complètement jusqu'à ce qu'il se formât un trouble ; puis j'ai fait bouillir et retenu par filtration le précipité complètement exempt de manganèse et de terres alcalines qui passent dans le liquide filtré (A).

Ce précipité a été redissous dans l'acide chlorhydrique, et dans la solution additionnée d'un peu de bitartrate de potassium, j'ai versé de l'ammoniaque après quoi j'ai précipité au moyen du sulfure d'ammonium. Le fer a été ainsi séparé de l'alumine et de l'acide phosphorique qui se trouvent dans le liquide (B). J'ai repris le sulfure de fer par l'acide chlorhydrique, chauffé la solution avec l'acide nitrique afin de peroxyder le fer, précipité de nouveau avec l'ammoniaque, et enfin j'ai pesé le peroxyde de fer après calcination :

Peroxyde de fer (Fe^{2}O^3) pour { Eau Sulfureuse.. .... 0^{gr}00285
1 litre ... . { Eau de la Tour.. . . 0^{gr}00085

Il nous reste de l'opération précédente deux liquides. dans l'un (A) on doit chercher le manganèse, et dans l'autre (B) l'alumine et l'acide phosphorique.

Recherche du manganèse et de l'alumine.

Sans entrer dans les détails des opérations, je me contente de dire que je n'ai pu déceler des traces d'alumine et de manganèse dans les liquides en question.

J'ai obtenu au contraire un précipité de phosphate ammoniaco-magnésien qui m'a donné pour l'une et l'autre sources des résultats parfaitement concordants avec les nombres que m'avait fournis le dosage du même acide dans la matière qui avait servi à la recherche du fluor :

Acide phosphorique.

Acide phosphorique pour 1 litre. { Eau Sulfureuse. . . . 0^{gr}00221
{ Eau de la Tour. . . . 0^{gr}00220

15 litres de chacune des sources ont été réduits au vingtième par l'évaporation. Après avoir additionné d'acide chlorhydrique la liqueur concentrée et y avoir ajouté un peu d'acide sulfureux, j'y ai fait passer un courant d'hydrogène sulfuré et j'ai laissé reposer le précipité pendant 36 heures. Au bout de ce temps, j'ai recueilli ce précipité sur un petit filtre, soigneusement lavé à l'eau distillée, après quoi dans deux opérations distinctes, j'ai suivi deux méthodes quelque peu différentes.

Dosage de l'arsenic.

J'ai d'abord fait bouillir le précipité avec de l'acide azotique fumant, évaporer à siccité pour chasser l'excès d'acide et j'ai repris le résidu par l'eau distillée. C'est le premier procédé.

L'autre consistait à traiter le précipité par l'ammoniaque étendue, à filtrer la liqueur ammoniacale, à faire évaporer à siccité au bain marie. Le résidu a été oxydé par l'acide nitrique auquel j'ai ajouté trois ou quatre gouttes d'acide sulfurique et l'évaporation de la liqueur acide a été poussée jusqu'à l'apparition des premières vapeurs d'acide sulfurique. Enfin le résidu de cette opération a été dissous dans l'eau bouillante.

La solution obtenue par l'un ou l'autre procédé a été introduite dans un appareil de Marsh précédemment essayé et ne fournissant pas la moindre trace d'arsenic.

Avec l'eau de *la Tour* j'ai constaté des taches faibles et peu nombreuses.

L'eau *Sulfureuse* en a fourni un plus grand nombre et parfaitement caractérisées.

Les deux sources renferment par conséquent des traces d'arsenic ; mais ces traces sont plus marquées dans l'eau *Sulfureuse* que dans l'eau de *la Tour*.

Recherche de l'ammoniaque. L'eau *Sulfureuse* renferme en outre de l'ammoniaque.

Six litres de cette eau préalablement additionnés d'un peu de potasse caustique ont été soumis à la distillation et j'ai recueilli le premier tiers du produit distillé.

Du tournesol sensibilisé a viré légèrement au bleu dans ce liquide et il a fallu $0^{gr}00335$ de SO^3 pour le ramener à sa teinte naturelle que j'appréciais au moyen d'une capsule contenant une égale quantité d'eau distillée et où j'avais versé une égale proportion de la même teinture de tournesol. L'eau sulfureuse contiendrait donc pour six litres $0^{gr}001428$ d'ammoniaque, ce qui donne $0^{gr}000238$ d'ammoniaque par litre.

Dans les mêmes conditions, l'eau de *la Tour* n'a pas

saturé une quantité appréciable d'acide sulfurique.

J'ai mêlé de l'eau minérale concentrée et réduite à un petit volume avec une solution de sulfate de fer, et j'ai versé doucement dans le mélange de l'acide sulfurique en excès, sans voir apparaître le disque violet que produisent des traces d'acide azotique ou d'azotate.

Recherche de l'acide azotique.

Il résulte des recherches dont je viens d'exposer le détail qu'un litre d'eau minérale de chacune des deux sources présente la composition suivante :

	Eau Sulfureuse	Eau de la Tour
Température..........	46° 7	45° 5
Acide carbonique.......... .	0^{gr}10030	0^{gr}08900
— sulfhydrique.........	0^{gr}00204	traces
Acide sulfurique........	1^{gr}27945	1^{gr}21280
— silicique	0^{gr}04549	0^{gr}03446
— phosphorique...	0^{gr}00224	0^{gr}00220
Chlore	0^{gr}10465	0^{gr}09828
Potasse.	0^{gr}00731	0^{gr}00715
Soude....	0^{gr}09614	0^{gr}08541
Chaux..	0^{gr}78182	0^{gr}75284
Magnésie....	0^{gr}12748	0^{gr}11435
Lithine....	traces	traces
Peroxyde de fer...	0^{gr}00285	0^{gr}00085
Arsenic	traces	traces
Ammoniaque.	0^{gr}·00024	»»

Ces éléments en s'unissant entre eux peuvent donner naissance à des sels très nombreux, et il faut avouer que cette dernière question reste indécise dans l'état actuel de la science. Toutefois en supposant que les acides et les bases s'unissent d'après leur affinité relative, c'est-à-dire les bases les plus fortes avec les acides les plus puissants, et en tenant compte de la plus ou moins grande solubilité des sels ainsi que des considérations particulières qu'entraîne l'analyse d'une

eau minérale déterminée, je fais connaître dans le tableau suivant les divers sels dont l'existence m'a paru très probable dans les deux sources en question. J'ai employé le langage atomique généralement adopté aujourd'hui ; de plus si j'ai considéré à l'état de bicarbonate, comme on le fait d'ordinaire, les carbonates qui ne se dissolvent qu'à la faveur d'un excès d'acide carbonique, je me hâte de dire que les recherches de Bineau semblent établir que les carbonates neutres sont purement à l'état de dissolution et que la seconde molécule de CO^2 qui formerait le carbonate acide est tout aussi libre que l'excès de l'acide carbonique qui n'en ferait pas partie et qui se trouverait néanmoins dans l'eau ; et c'est leur somme qui constitue ce que j'ai désigné sur le tableau sous le nom d'acide carbonique libre.

	Eau Sulfureuse	Eau de la Tour
Température	46°7	45°5
Bicarbonate de fer	0gr 00567	0gr 00170
— de calcium	0gr 12638	0gr 11527
— de magnésium . . .	0gr 00290	0gr 00280
Sulfate de calcium	1gr 72371	1gr 66937
— de magnésium	0gr 37974	0gr 33874
— de sodium	0gr 02191	0gr 00987
— de lithium	traces	traces
Chlorure de sodium	0gr 16334	0gr 15304
— de potassium	0gr 01158	0gr 01135
Arséniate de sodium	traces	traces
Phosphate de calcium	0gr 00488	0gr 00478
Silicate de calcium	0gr 04193	0gr 03816
Silice en excès	0gr 02381	0gr 01472
Matière organique. Pertes. . . .	0gr 01282	0gr 00889
Résidu total sur un litre d'eau.	2gr 47850	2gr 33200
Acide sulfhydrique	0gr 00204	traces
Ammoniaque.	0gr 00021	»»
Acide carbonique libre	0gr 06013	0gr 05231

On voit, d'après ce tableau, que la source *sulfureuse*, indépendamment de l'acide sulfhydrique et de l'ammoniaque qu'elle tient en propre, se distingue de l'eau de *la Tour* par une plus forte minéralisation. Une plus grande proportion d'arsenic, de sulfate de sodium et de magnésium, une quantité de fer qui en fait à elle seule une eau ferrugineuse excellente, dont les effets sont tempérés par la présence des matériaux salins, doivent lui constituer des propriétés thérapeutiques que sauront utiliser les médecins distingués que possède la station thermale de Bagnères-de-Bigorre.

Quant à l'eau de *la Tour*, la Compagnie concessionnaire a eu l'heureuse idée de profiter de son énorme débit, pour alimenter une vaste piscine qui a été creusée dans la cour intérieure du magnifique établissement récemment élevé à grands frais et dont les étages supérieurs sont occupés par le Casino. Cette piscine ne mesure pas moins de 19 m. de long, sur 12 m. de large et 1 m. 60 de profondeur. Tout autour, au rez-de-chaussée de l'établissement, sont disposées de nouvelles salles de bains et d'hydrothérapie.

Comme on le voit, l'habile administration de la Compagnie n'a rien négligé pour tirer le meilleur parti de l'immense volume d'eau minérale dont elle dispose et pour offrir de nouveaux agréments aux nombreux étrangers qui viennent, sous le beau ciel de Bagnères, éprouver les propriétés curatives de ses eaux.

Toulouse, le août 1883.

J.-B. SENDERENS

Professeur de chimie aux Facultés libres de Toulouse.

www.ingramcontent.com/pod-product-compliance
Lightning Source LLC
Chambersburg PA
CBHW070206200326
41520CB00018B/5530